André Sperlich

Stadtentwicklung von Oslo als norwegischer Metropole

GRIN Verlag

Bibliografische Information der Deutschen Nationalbibliothek:

Die Deutsche Bibliothek verzeichnet diese Publikation in der Deutschen National-
bibliografie; detaillierte bibliografische Daten sind im Internet über http://dnb.d-
nb.de/ abrufbar.

Dieses Werk sowie alle darin enthaltenen einzelnen Beiträge und Abbildungen
sind urheberrechtlich geschützt. Jede Verwertung, die nicht ausdrücklich vom
Urheberrechtsschutz zugelassen ist, bedarf der vorherigen Zustimmung des Verla-
ges. Das gilt insbesondere für Vervielfältigungen, Bearbeitungen, Übersetzungen,
Mikroverfilmungen, Auswertungen durch Datenbanken und für die Einspeicherung
und Verarbeitung in elektronische Systeme. Alle Rechte, auch die des auszugsweisen
Nachdrucks, der fotomechanischen Wiedergabe (einschließlich Mikrokopie) sowie
der Auswertung durch Datenbanken oder ähnliche Einrichtungen, vorbehalten.

Impressum:

Copyright © 2005 GRIN Verlag GmbH
Druck und Bindung: Books on Demand GmbH, Norderstedt Germany
ISBN: 978-3-640-35325-5

Dieses Buch bei GRIN:

http://www.grin.com/de/e-book/49704/stadtentwicklung-von-oslo-als-norwegischer-
metropole

GRIN - Your knowledge has value

Der GRIN Verlag publiziert seit 1998 wissenschaftliche Arbeiten von Studenten, Hochschullehrern und anderen Akademikern als eBook und gedrucktes Buch. Die Verlagswebsite www.grin.com ist die ideale Plattform zur Veröffentlichung von Hausarbeiten, Abschlussarbeiten, wissenschaftlichen Aufsätzen, Dissertationen und Fachbüchern.

Besuchen Sie uns im Internet:

http://www.grin.com/

http://www.facebook.com/grincom

http://www.twitter.com/grin_com

Geographisches Institut der Universität zu Kiel

Fachbereich: Angewandte Geographie/Raumplanung

Hausarbeit zum Thema:

Stadtentwicklung von Oslo als norwegischer Metropole

Exkursionsvorbereitung Skandinavien

Sommersemester 2005

Erarbeitet von: André Sperlich

Abgegeben am: 20.06.2005

Inhalt

1. Einleitung

Die Hausarbeit soll Informationen über die Entwicklung des Verdichtungsraums Oslo hin zur norwegischen Metropole, aber auch einige ausgewählte, grundlegende Informationen über Norwegen im Ganzen vermitteln. Hinführend wird zunächst die Geschichte Oslos im gesamtnorwegischen Zusammenhang behandelt, bevor explizit auf die Entwicklungen im 20. Jahrhundert eingegangen wird.

Anschließend werden einige zentrale Daten zu Oslo genannt, bevor die Stadtexpansion, Migration und Dezentralisierungspolitik angerissen werden.

Die Bedeutung des Tourismus für Oslo im norwegischen Kontext wird ein weiteres Thema sein, die Regierung und Verwaltung sowie die monarchischen Strukturen werden danach behandelt.

Eine kurze Zusammenfassung schließt die Arbeit ab.

2. Oslos Geschichte im norwegischen Zusammenhang

Oslo liegt im Südosten Norwegens, am nördlichen Ende des etwa 100 km langen Oslofjordes und gehört zur zweitgrößten Provinz des Landes, Östland.

Die Ansiedelung, über der sich heute die norwegische Metropole Oslo erhebt, wurde im Jahre 1050 durch König Harald Sigurdsohn (später: Harald Hårdråde = Der Strenge) gegründet. Ursprünglich war an dieser Stelle aufgrund der naturräumlich günstigen Lage am Ende eines geschützten Seeweges mit Naturhafen ein Handelsplatz gelegen. Während seiner Regentschaft machte Harald Oslo zum vornehmen Königssitz, unter seinem Nachfolger wurde die Stadt 1062 (Glässer 1978, S.172) sogar Bischofssitz und somit kirchlich-geistiges Zentrum Norwegens (Brandhorst 1999, S. 334).

Abb. 1: Norwegen und Oslo

Ursprünglich war Oslo als Administrationszentrum angelegt, sollte jedoch auch als Ladeplatz für Überschusswaren genutzt werden, um diese dann später ins Landesinnere transportieren zu können. Der Hafen gewann in dieser Zeit zunehmend an Bedeutung, und sein Umsatz vermehrte sich stetig. Es folgten Bürgerkriege und Unruhen, erst unter Hakon V. Magnusson kam wieder Struktur in die Osloer Expansion. 1299 zum König gekrönt, wählte er Oslo statt

Bergen als ständigen Amtssitz und instruierte weitere einflussreiche Personen, sich auch in Oslo niederzulassen. Diese bildeten dann später den gut ausgebildeten Beamtenstand. Unter König Hakon wurde etwa um 1300 auch die mächtige Festungsanlage Akerhus errichtet, die symbolisch für die gleichzeitige Etablierung des Lehnswesens steht und sich noch heute als Oslos bekanntestes Wahrzeichen über der Stadt erhebt (Glässer 1978, S. 171).

Dem raschen Aufstieg folgte eine Zeit der Depression, nach Hakons Tod fehlte die ordnende Hand, und der Einfall der Pest im Jahr 1349 reduzierte die Bevölkerung um die Hälfte auf nur noch 175.000 (Kuchendorf 1979, S. 136). Oslo wurde mit Dänemark vereinigt und verlor somit seine politische Eigenständigkeit. Ebenso wurden der Königssitz und Hauptstadtstatus nach Kopenhagen verlegt, welches nun das kulturelle und administrative Zentrum des Nordens war.

Als im Jahr 1500 die Hansemacht zerbrach (die für die Stadt weniger bedeutsam war als für andere skandinavische Städte), war Oslo nur noch eine kleine, abhängige, relative unbedeutende Stadt unter vielen, ähnlich einer Kolonie. Und ihre Lage am „Rande der Welt" (Aring 2004, S. 165) sorgte dafür, dass sich dies in absehbarer Zeit auch nicht ändern sollte. Auch wirtschaftlich war Oslo im Nachteil, denn eine der Hauptwaren des Mittelalters, der Fisch, war an der Westküste Norwegens zahlreicher vorhanden und einfacher zu fangen, was der Stadt Bergen einen nicht zu unterschätzenden Vorteil einräumte (Aring 2004, S. 165).

Im Jahr 1624 brannte Oslo komplett nieder und musste vollständig neu angelegt werden. Die Stadt war schon mehrfach von Bränden heimgesucht worden, da das zu verschiffende Holz gestapelt und in Hafennähe aufgestellt wurde.

Die Stadt wurde nach dem verheerenden Feuer streng schematisch-schachbrettartig (siehe Abb. 2[1]) nach holländischem Muster, welches noch heute für den Stadtkern bestimmend ist, mit 15 Meter breiten Strassen nördlich der Festung Akerhus angelegt. Um die Brandgefahr in Zukunft gering zu halten, wurden nur Häuser aus Stein oder Ziegelwerk genehmigt.

Als neuen Namen der Stadt veranlasste König Christian IV. Christiania. Von nun an wuchs die Stadt wieder rasant, nach einem wiederholten Brand 1687 wurde sie erneut erweitert und reguliert, mehrere

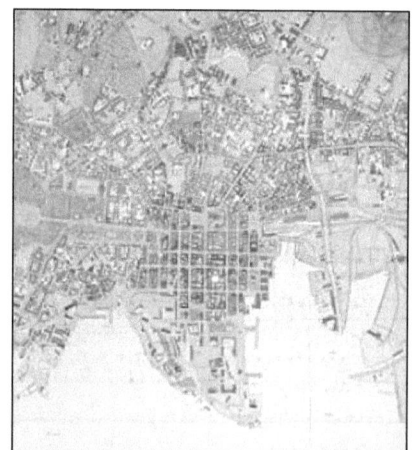

Abb. 2: Das Schachbrettmuster der Osloer Innenstadt

---

[1] http://www.oslo.kommune.no/dok/felles/publ/brosjyrer/oslotall/oslofacts.pdf

Vororte wurde in die Stadt integriert. Durch das schnelle Wachsen der Stadt, günstige Wirtschaftskonjunktur und verbesserte Infrastruktur wurde Christiania das wichtigste Kommunikationszentrum des Landes (Lynneberg 1973, S. 19).

Doch woher kam der plötzliche Wirtschaftswandel, wo Oslo doch jahrelang als rückständige Provinz galt? Dies ist vor allem der geänderten Nachfrage nach Bedarfsgütern zuzuschreiben. Verbunden mit der Reformation in Europa brachen die Absatzmärkte für Fisch weg, Holz hingegen wurde Europa aus vermehrt nachgefragt. Dies hatte Südnorwegen und die Osloer Region im Überfluss zu bieten, somit erhöhte sich deren Wert für den dänischen König Christian IV. erheblich, was wohl auch der Grund für seine Anstrengungen zur Neustrukturierung war. Die Lage unterhalb der Festung Akerhus spricht für den Weitblick des Königs, den unter ihr war die neu angelegte Stadt gut geschützt.

Im Zuge dieses Neubaus der Stadt etablierten sich im 17. und 18. Jahrhundert erste Produktionsbetriebe in Christiania, wie z. B. Brauereien, Werften und Mühlen.

1814 kam die Trennung zwischen Dänemark und Norwegen zu Stande. Der Grund für die Trennung lag darin begründet, dass Dänemark Norwegen nach den Napoleonischen Kriegen abgesprochen und Schweden zugeteilt wurde.

Jedoch nutzten norwegische Reformer die Wirren der Transformation zu Beginn des 19. Jahrhunderts, schufen eine Verfassung und erklärten die norwegische Unabhängigkeit. Ein Krieg zwischen Norwegen und Schweden konnte umgangen werden, indem ein Kompromiss geschlossen wurde. Norwegen verwaltete sich innenpolitisch selbst, außenpolitisch wurde es von Schweden vertreten. Somit war Norwegen teilautonom, was eine deutliche Verbesserung des vorherigen Zustandes als dänische Kolonie bedeutete. Gleichzeitig bekam Christiania den Hauptstadtstatus zurück, was für eine vollkommen neue Entwicklung in der Stadtplanung sorgte (Aring 2004, S. 167).

Plötzlich waren Regierungsgebäude nötig, was eine rege Bautätigkeit in Christiania zur Folge hatte, auch die Kultur war deutlich unterrepräsentiert. Mit knapp 10.000 Einwohnern war Christiania keine sonderlich große Stadt, es fehlte an nahezu allem, was eine Hauptstadt ausmacht. Zahlreiche auch heute noch zentrale Gebäude der Stadt mussten zu der Zeit geplant und umgesetzt werden. Hierzu zählen unter anderem die Universität (heute die größte des Landes), den Bahnhofsmarkt, mehrere Theater, die Nationalbank und verschiedene Museen. In dieser durch Stadtausbau gekennzeichneten Zeit dehnte sich die Stadt vom Zentrum gesehen fächerförmig aus (Glässer 1978, S. 171).

Angekurbelt durch den Städtebau zog es auch zunehmend die Landbevölkerung in die Stadt, die dort auf bessere Lebensbedingungen hoffte. So hatte Christiania 1850 bereits 40.000 Einwohner.

Auch die Wirtschaft wuchs rasch, in der zweiten Hälfte des 19. Jahrhunderts etablierten sich viele neue Betriebe, wie z. B. Druckereien und Holz verarbeitende Industriezweige, die direkt an die starke Forstwirtschaft Norwegens angeschlossen waren und die Nutzung der Ressource Wald optimierten. Anschub für diese Entwicklung war der Import neuer Techniken in Fertigung und Verarbeitung, insbesondere die Nutzung von Dampf- und Wasserkraft. Die Industrialisierung hatte auch Norwegen erreicht.

Bis ins Jahr 1875 wuchs die Bevölkerung Christianias auf 100.000 an. Die Stadt bot sich als Ausgangspunkt der Industrialisierung in Norwegen an, denn es war der am dichtesten besiedelte Raum des Landes, die Absatzmärkte waren hier am größten. Außerdem war hier das nötige Kapital zur Etablierung der neuen Anlagen vorhanden (Aring 2004, S. 168).

Die Expansion, bei der auch neue Gebiete wie Frogner oder Majorstua erschlossen und bebaut wurden, hielt bis 1899, dem Jahr des wirtschaftlichen Zusammenbruchs, ungebremst an. Die Stadt zählte, auch aufgrund zahlreicher Eingemeindungen, mittlerweile 230.000 Einwohner.

Zu diesem Zeitpunkt waren die Grundlagen für das heutige Kommunikationssystem Oslos, wie z. B. der Bau der ersten Eisenbahnstrecke 1854 oder die Fertigstellung der Straßenbahn 1894, bereits abgeschlossen (Lynneberg 1973, S. 19f).

3. Oslos Weg im 20. Jahrhundert

Zu Beginn des 20. Jahrhunderts herrschte zunächst Stillstand im Wohnungsbau und Bevölkerungszuwachs, jedoch nicht im öffentlichen Bauwesen. Hier fand gerade der 1814 begonnene Stadtum- und ausbau zur Hauptstadt sein Ende, Christiania war nun auch baulich für ihre Aufgabe als Hauptstadt gerüstet (Aring 2004, S. 168). Zahlreiche Schulen befanden sich immer noch im Bau, ebenso Kirchen, Regierungsgebäude oder Museen (Lynneberg 1973, S. 20).

1905 wurde die Union mit Schweden aufgelöst, die Unstimmigkeiten zwischen beiden Ländern wurden einfach zu groß, und Norwegen wurde wieder ein eigenständiges Königreich. Eine anhaltende Phase der Expansion, gestützt durch die immer noch starke Industrialisierung, bis zum 2. Weltkrieg schloss sich an, nur kurz unterbrochen durch den 1. Weltkrieg. Das Stadtbild wurde homogenisiert, Erholungszonen wie Parkanlagen und

Spielplätze geschaffen, Schrebergartenkolonien wurden eröffnet, Kinos und Taxen prägten das Stadtbild.

Die Modernisierung Christianias schritt immer mehr voran, das Telefonnetz wurde automatisiert, elektrische Straßenbeleuchtungen errichtet, ein Rundfunkprogramm etabliert. Im Zuge der 300-Jahr Feier Christianias wurde beschlossen, ihr den alten Namen Oslo wieder zu geben. Dieser Beschluss trat am 01.01.1925 in Kraft. Die Umbenennung ist ein Stück Vergangenheitsbewältigung, denn sie ist als Emanzipationsprozess gegenüber der dänischen Kolonialzeit zu sehen. Es ist ein Versuch, sich von der dänischen Periode abzugrenzen und sich auf die eigene Kultur und Kontinuität zu berufen (Aring 2004, S. 167).

Eine umfassende Stadterneuerung wurde in der Folgezeit betrieben, indem Einzelgebäude oder ganze Viertel abgerissen und durch modernere, der immergrößer werdenden Nachfrage angepasste Häuser errichtet wurden. Am Ende dieser Entwicklung etwa im Jahre 1944 war nahezu der gesamte bebaubare Boden Oslos auch wirklich bebaut.

1945 setzten in ganz Norwegen starke Zentralisierungstedenzen ein, von denen auch Oslo nicht verschont wurde; die für diese Zeit in ganz Europa nahezu „klassische Stadtexpansion" (Grube 1989, S. 341) setzte ein. Grund für die Migration war vor allem der Arbeitsplatzmangel auf dem Land, denn durch die fortschreitende Mechanisierung der Landwirtschaft sank der Bedarf an Arbeitskräften stetig. Trotz der Zusammenlegung von 50% aller Höfe verringerte sich die Anbaufläche kaum (Libæk/Stenersen 1991, S. 144ff). Im Jahr 1945 zählte Oslo 286.000 Einwohner.

Im innerstädtischen Bereich herrschte Wohnungsmangel, so dass man 1948 die Gemeinden Oslo und Aker zusammenlegte, um Kosten und administrative Wege zu sparen. Dies brachte eine Erhöhung der Einwohnerzahl Oslos auf 420.000 mit sich (Aring/Priebs 1995, S. 165f).

Eine Migration der Industrie in die städtischen Randgebiete setzte ein, so dass sie im Stadtbereich weiteren Siedlungsraum freigaben. Generell herrschte nach dem 2. Weltkrieg die Tendenz vor, dass der Geschäftsbau dem Wohnungsbau weichen musste (Lynnemann 1973, S. 23). Ab den späten 60er Jahren hat wiederum eine neue Entwicklung

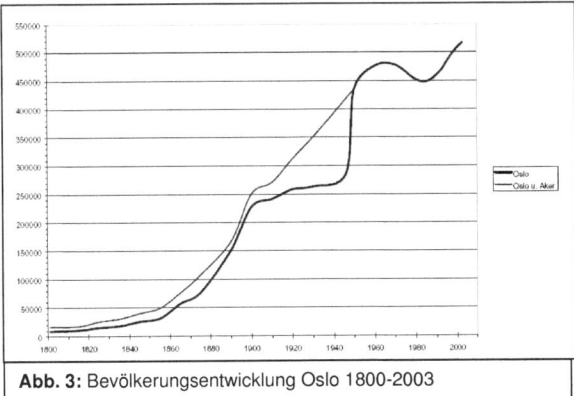

Abb. 3: Bevölkerungsentwicklung Oslo 1800-2003

in Oslo Einzug gehalten. Die lange verschleppten und nun endlich durchgeführten Umbauten in der Innenstadt Oslos zu Gunsten einer effizienteren Nutzung hat natürlich eine Vernichtung des ursprünglichen, eher behäbigen und altmodischen Flairs mit sich gebracht (Astrup/Quack 1997, S. 123). Im Halbkreis um die City entstanden *„großmaßstäbige Bauten mit viel Beton und einer geringen Sensibilität gegenüber den gewachsenen Stadtstrukturen"*(Aring 2004, S. 170). Seit der verstärkten Überbauung gilt Oslo als „in", denn die einfallslosen baulichen Veränderungen spiegeln Modernität wider, was Oslo ein internationales Ambiente verleiht. Auch die zentral gelegene Flanier- und Einkaufsmeile „Karl-Johan" haben andere skandinavische Metropolen wie Stockholm nicht zu bieten.

Dennoch ist Oslo keine zentralistisch orientierte Metropole wie z. B. Paris. Die naturräumlich exponierte, administrativ gesehen jedoch unpraktische Randlage Oslos verbietet schon eine Zentralisierungspolitik, die durch längere Wege nur zu höheren Kosten führen würde. Auch im jetzigen Zustand beherbergt Oslo eine Vielzahl wichtiger Institutionen des politischen, kulturellen, religiösen oder wirtschaftlichen Lebens.

Ab Mitte der 60er Jahre stieß das norwegische Wirtschafts- und Gesellschaftsmodell an seine Grenzen. Durch die Globalisierung des Handels wurde auch der Wettbewerb schärfer, der Konkurrenzdruck stieg merklich. In dieser etwa zwei Jahrzehnte umfassenden Periode schrumpfte die Bevölkerung Oslos auf 450.000 Einwohner (siehe Abb. 3).

Endpunkt dieser Entwicklung war die Liberalisierung und Deregulierung durch entsprechende Gesetzgebung im Jahr 1982. Dies führte zu einer weitgehenden Aufhebung der Restriktionen im Bereich der Schanklizenzen, der Ladenschlusszeiten, der Steuergesetzgebung oder des Kreditwesens. Diese politische Umorientierung zog einen einzigartigen Bau- und Gründer- und Konsumboom nach sich, und förderte damit die Transformation in eine postindustrielle Dienstleistungsgesellschaft (Aring 2004, S. 170).

Ein wichtiger Schritt hierhin war die Abkehr von staatlichen Betrieben hin zur Privatwirtschaft. Vor allem öffentliche Einrichtungen betrauten immer häufiger private Betriebe mit Aufträgen.

In den letzten 25 Jahren hat sich Oslo, ausgelöst durch die o. g. Vorgänge, von einer in der europäischen Peripherie gelegenen Stadt in eine europäische Metropole verwandelt.

Deutlich wird dies am merklichen gestiegenen Attraktivitäts-, Einkaufs- und Freizeitniveau im gesamten innerstädtischen Bereich und die Öffnung der Stadt zum Wasser hin (Aring/Priebs 1995, S. 184). Besonders auffällig ist im Zuge dessen die Verlegung der Hauptverkehrsstrassen in Tunnellage unterhalb der Stadt, sowie die Vernetzung der westlichen und östlichen Bahnsysteme. Dies bringt einerseits Entlastung für die innerstädtischen Bereiche, andererseits verbessert es die Infrastruktur.

4. Oslo heute

4.1 Oslo in Zahlen

Oslo erstreckt sich heute über eine Fläche von 454 km² und zählt 529.846 Einwohner (Stand: 2005[2]).

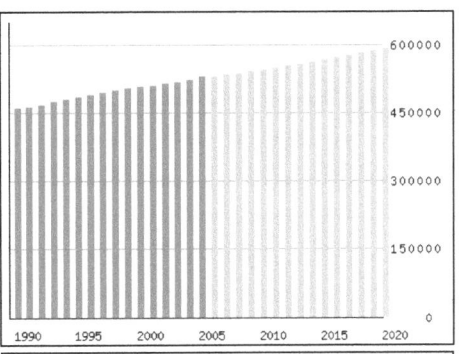

Abb. 4: Bevölkerungsentwicklung Oslo 1990-2005

Somit ist Oslo die größte Stadt Norwegens, 8,5% aller Norweger wohnen im Stadtgebiet, knapp 50% der Bevölkerung im Ballungsraum Oslo[3] (zum Vergleich: 1875 waren es noch 20,4%). Die Bevölkerungsdichte beträgt 1.149 Einwohner pro km², was verglichen mit Hamburg (2.299 Einwohner[4] pro km²) ein geringer Wert ist. Die Verstädterung wird in Norwegen, und somit auch in Oslo, weiter zunehmen, so dass kaum mit einer konstanten oder gar sinkenden Einwohnerzahl zu rechnen ist (siehe Abb.4[5]). Die norwegische Nation wächst zurzeit um 30.000 Einwohner/Jahr[6].

4.2 Stadtexpansion, Migration und Dezentralisierungspolitik

Bis ins Jahr 1947 umfasste das eigentliche Osloer Stadtgebiet gerade einmal 17km². Nachdem jedoch die umgebenden Gemeinden 1948 eingegliedert wurden, besaß das entstandene Gebiet eine Gesamtfläche von 453km². Eine Unterteilung war aus administrativer Sicht

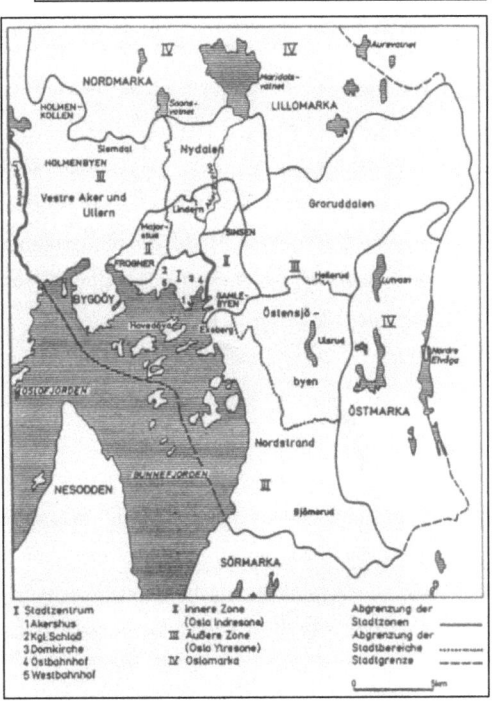

Abb. 5: Bevölkerungsentwicklung Oslo 1990-2005

---

[2] http://www.ssb.no/kommuner/faktaark3.cgi?region=0301
[3] http://www.visitoslo.com/Transport-DE/
[4] http://de.wikipedia.org/wiki/Hamburg
[5] http://www.ssb.no/kommuner/faktaark3.cgi?region=0301
[6] http://de.wikipedia.org/wiki/Norwegen

unumgänglich.

Oslo wurde in vier Bereiche aufgeteilt (siehe Abb. 5 [Woesler 1989, S. 345]), in das Zentrum, die innere Zone, die äußere Zone und Oslomarka (wobei letztere nur einen weitläufigen Gürtel um die eigentliche Stadt darstellt).

Das Zentrum umfasst den Bereich des alten, schachbrettartig aufgebauten Christiania, wohingegen die innere Zone, die halbkreisförmig um das Zentrum verläuft, zusammen mit dem Zentrum dann das Gebiet Oslos ab 1948 darstellt.

Die äußere Zone reicht weiträumiger um die beiden Zonen herum. Schematisch hat Brækhus (1976, S. 130) diese Entwicklung veranschaulicht (siehe Abb. 6)

Zusätzlich verdeutlicht er noch den Ost-West Gegensatz, der in der Stadt vorhanden ist. Dieser Gegensatz besteht darin, dass der Osten der Stadt eher von der Industrialisierung beeinflusst ist, während der Westteil die eigentlich Hauptstadtfunktion, also die Repräsentation, übernimmt. Der Fluss Akerselva war mit seinem Wasser das Triebrad der Industrialisierung und ist noch heute die soziologische Trennlinie West-Oslo und Ost-Oslo (Lindemann 1986, S. 162).

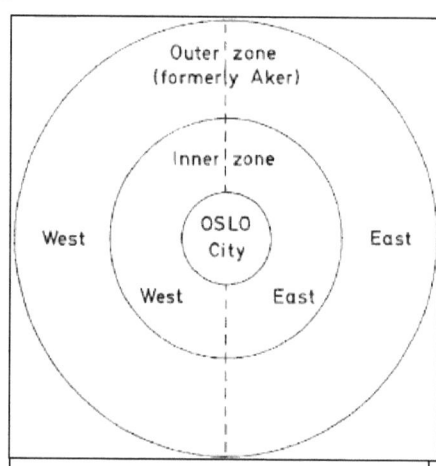

Während im Ostteil der Stadt hässliche Arbeiterquartiere entstanden, geprägt durch mangelhafte sanitäre Ausstattung und hohen Überbauungsgrad, zeichnet sich der Westen Oslos mit dem Schloss als Wahrzeichen, mit dem Parlamentsgebäude, einem gepflegten Park, der Karl Johans Gate als tatsächlicher Vorzeigestadtteil Oslos aus.

Das tatsächliche Problem Oslos ist jedoch die Migration. Wie in Abb. 3 schon beschrieben, ist Oslo eine stetig wachsende Metropole, die einem konstanten Bevölkerungszuwachs unterlegt. Die

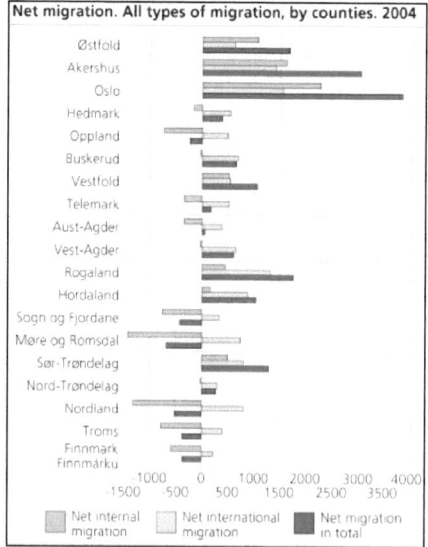

Abb. 7: Migration in Norwegen

8

ländliche Bevölkerung wandert immer noch auf der Suche nach Arbeit in die Hauptstadt. Die Regionen Oslo und Akershus sind diejenigen in Norwegen, die die höchsten Migrationsraten zu verzeichnen haben (siehe Abb. 7). Und das, obwohl die Entwicklungen der inländischen Migration nach dem 2. Weltkrieg Oslo sowieso schon zu einem dicht besiedelten Ballungsraum werden lassen.

Eine intensive Dezentralisierungspolitik versucht schon seit mehreren Jahren den Verdichtungsraum Oslo zu entlasten, jedoch mit mäßigem Erfolg. Die Stadt Oslo wächst immer mehr in die Umgebung Akershus hinein, wobei der Stadtkern immer weniger Menschen als Wohnraum dient.

In Oslo ist also, wie in vielen andern Metropolen auch, ein ringförmiges Wachstum nach außen hin zu beobachten, bei gleichzeitiger Entleerung des Stadtkerns (Lindemann (1986, S. 164).

4.3 Oslo als touristisches Zentrum in Norwegen

Norwegen und Oslo haben mehrere Gunstfaktoren zu bieten, die sie als Tourismusziel interessant machen. Diese sind zu trennen in natürliches und anthropogenes Potential für den Fremdenverkehr.

Hierbei wird in der Literatur dem natürlichen Potential die größere Bedeutung zugemessen. Zu dem großen Aufschwung in der Tourismuswirtschaft haben vor allem die tief eingeschnittenen Fjorde, die weite, abwechslungsreiche Küstenlandschaft, Seen und Wälder, große Fjellplateaus, die unendlichen Möglichkeiten der Sportfischerei oder des Surfens und Segelns beigetragen (Glässer 1978, S. 142).

Außerdem sorgt der Gegensatz von maritimem Küstenklima und kontinentalem Binnenklima für relativ geringe Temperaturschwankungen an der Küste, während im Binnenland eine vier- bis fünfmonatige, meist sehr dichte Schneedecke zu finden ist (Matuschewski 1989, S. 193). So verfügt Norwegen im Ganzen über zwei Saisons, eine relativ kurze Sommersaison und eine ausgeprägte Wintersaison.

Norwegen ist allerdings nicht nur in der kurzen Sommerzeit interessant ist, sondern bietet diverse Möglichkeiten zum Wintersport, was also zu einem ganzjährig anhaltenden Tourismus führt. Das traditionelle Skigebiet Norwegens liegt im Raum Oslo und ist somit ein weiterer Pluspunkt der Hauptstadt. Das Gebiet erstreckt sich insgesamt über 460km² und ist infrastrukturell sehr gut an Oslo angebunden.

In aktueller Werbung wird Norwegen und im speziellen Oslo als authentisches Gebiet in harmonischer Lage mit dem besonderen nordischen Flair beschrieben, in dem man sehr gute

Wintersportbedingungen vorfindet und auch Extremsportarten wie Freeclimbing nicht zu kurz kommen[7].

Das kulturelle, also anthropogen geprägte Angebot Norwegens beschränkt sich auf die größeren Städte wie Trondheim, Bergen, aber vor allem Oslo.

In den letzten Jahren ist die Stadt durch eine kontinuierliche Verbesserung der Fähranbindungen infrastrukturell aufgewertet worden. Sie ist nun von Individualtouristen wesentlich besser und zeitlich flexibler zu erreichen.

Als einzige nordische Stadt hat Oslo mit der Karl-Johan-Straße eine wirkliche Einkaufspassage zu bieten. Einen ausführlichen Überblick über die touristischen Angebote Norwegens und Oslo bietet Abb. 8[8].

Insgesamt überwiegt in Norwegen zwar das Naturpotential, Oslo selbst hat jedoch als sich öffnende europäische Metropole durchaus anthropogen bedingte Gunstfaktoren für den Tourismus aufzuweisen. Als zentrale Objekte sein hier die Festung Akershus, die Karl Johan Passage, das Rathaus und die Skischanze Holmenkollen mit dem anliegenden Skimuseum zu nennen.

Der Tourismus ist in Oslo wie in Gesamtnorwegen eine

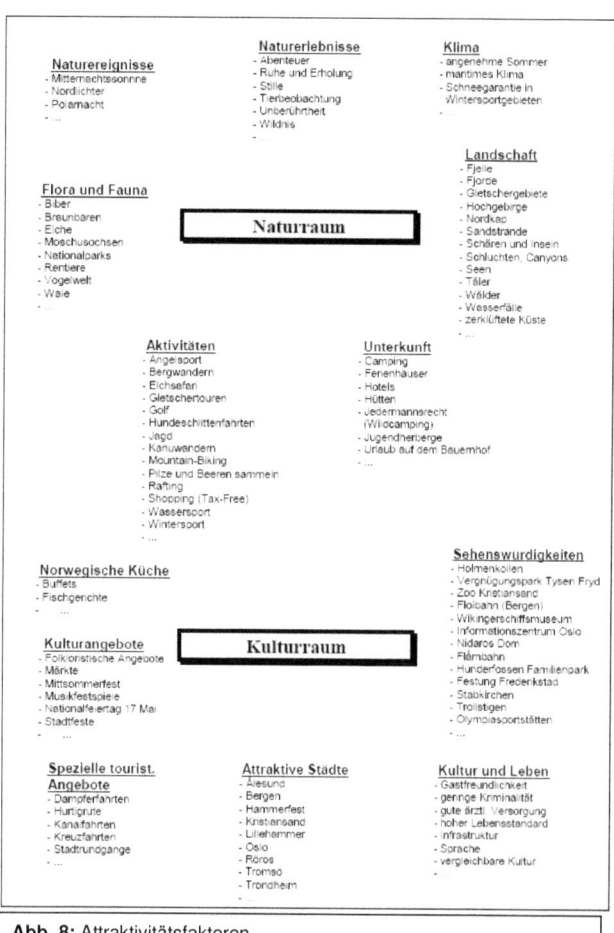

Abb. 8: Attraktivitätsfaktoren

---

[7] http://www.norwegen.no/travel/why/genuine/genuine.htm
[8] http://www.ub.uni-duisburg.de/ETD-db/theses/available/duett-06302003-110015/unrestricted/kap3.pdf

expandierende Branche, die eine immer größere wirtschaftliche Bedeutung für das Land hat, wie die stark ansteigenden Zahlen an Übernachtungen/Jahr in Abb. 9[9] zeigen.

	1950	1960	1972	1980	1990	1999
Anzahl der Hotels	420	k.A.	k.A.	k.A.	1.135	1.162
Bettenkapazität	20.115	25.470	35.365	45.441	112.660	137.653
Zahl der Übernach-tungen (1)	3.656.000	4.425.000	5.492.000	7.326.000	12.022.000	16.526.000
Auslastung der Hotels	57.5	61.8	53.3	47.7	35.4	38.8
Übernachtungen der deutschen Touristen	6.000	86.000	281.000	451.000	580.000	882.931

Abb. 9: Hotelübernachtungen in ausgewählten Jahren

4.4 Regierung und Verwaltung

Norwegen ist eine konstitutionelle Monarchie mit einem parlamentarischen, demokratischen Regierungssystem. Es ist ein demokratisches System, da alle Menschen an den Wahlen zum Storting (siehe Abb. 10[10]), der norwegischen Nationalversammlung, teilnehmen können.

Die konstitutionelle Monarchie manifestiert sich dadurch, dass die Regierung ihre Befugnis von der exekutiven Macht, der Macht des Königs, ableitet. Wie in nahezu allen demokratischen Systemen ist auch in Norwegen die Gewaltenteilung in

Abb. 10: Das Storting

Judikative, Exekutive und Legislative vorhanden.

Oslo ist Norwegens politisches und vor allem Bildungszentrum. Dies manifestiert sich zum einen im Rathaus als Zentrum kommunaler Tätigkeit. Zum anderen steht in Oslo die größte Universität des Landes, die Bildungselite wird demnach hier ausgebildet. Mit dem Storting hat auch die norwegische Nationalversammlung in Oslo (ebenfalls zentral an der Karl-Johan gelegen) ihren Sitz.

---

[9] http://www.ub.uni-duisburg.de/ETD-db/theses/available/duett-06302003-110015/unrestricted/kap3.pdf, S. 88
[10] http://images.encarta.msn.com/xrefmedia/sharemed/targets/images/pho/t001/T001046B.jpg

4.5 Die norwegische Monarchie

Die Monarchie blickt in Norwegen auf eine mehr als tausendjährige Geschichte zurück. In dieser Zeit hat es mehr als 60 Regenten gegeben.

Als erster König, der das ganze Land regierte, gilt Harald I. Hårfagre ("Schönhaar", ca. 865 - ca. 933). Unter ihm und seinem Nachfolger, Håkon I. Haraldsson, wurde das Land administrativ geeint und eine landesweite Kirche etabliert, was eindeutig eine einigende Funktion hatte.

Im Hochmittelalter entwickelte sich die von Kleinkönigen geprägte Aristokratie allmählich zu einer Gesellschaft, wie sie zu der Zeit üblich war. Unter einer dem König verpflichteten Oberschicht entstanden Einrichtungen der Staatsverwaltung wie Reichstage, Rat des Königs und Kanzlei.

Als König Håkon VI. Magnusson (1340-1380) Margrete (1353-1412), die Tochter des damaligen dänischen Königs Valdemar Atterdag heiratete, war dies der Ausgangspunkt für einen zentralen Umbruch in der norwegischen Monarchie

Als deren Sohn starb, riefen die Reichsräte seine Mutter Herrscherin von Norwegen und Dänemark aus. Auch Schweden wurde unterworfen, und so entstand der Dreistaatenbund.

1520 zerfiel dieser Bund in zwei politische Einheiten, Dänemark-Norwegen und Schweden-Finnland.

Ab 1660 war die Monarchie abgeschafft, und das damals sowieso von Dänemark abhängige Norwegen wurde von dänischen Beamten regiert.

Nach den napoleonischen Kriegen wurde Norwegen an Schweden abgetreten und von da an vom schwedischen Königshaus regiert[11].

Abb. 11: Der königliche Palast

Erst 1905 wählte das norwegische Volk Haakon VII. zum neuen König des Landes. Dessen Linie ist erhalten geblieben, heute ist König Harald V. im Amt und regiert vom königlichen Schloss aus (siehe Abb. 11[12]).

---

[11] http://www.norwegen.no/konigshaus/monarchie/magnus.htm
[12] http://www.norwegen-picturepool.de/kategorien/k/koenigshaus/detailseiten/koenigshaus-1-7.htm

Die Akzeptanz des Königshauses in der norwegischen Bevölkerung ist immer noch ausgesprochen hoch, was an seiner großen Volksnähe liegt[13]. Der König hat aufgrund des Staatssystems der parlamentarischen Monarchie de facto kein Staatsgeschäft mehr zu führen, hat aber immer noch beträchtlichen Einfluss. Er übt die wichtige symbolische Funktion des Staatsoberhauptes aus und ist offizieller Repräsentant der norwegischen Gesellschaft und Wirtschaft[14].

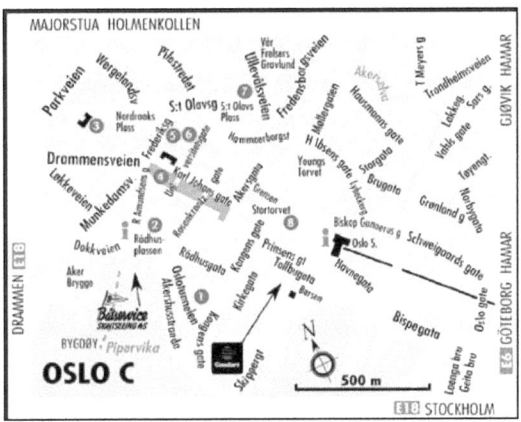

Abb. 12: Stadtplan Oslo (königlicher Palast: Nr. 3)

Die frühere und wohl auch heute noch immense Bedeutung der Monarchie in Norwegen wird deutlich, wenn man einen Blick auf die geographische Anordnung des königlichen Schlosses in Bezug auf ganz Oslo wirft. Das Schloss liegt in unmittelbarer Verlängerung der Prachtstrasse Karl Johan, demnach sehr exponiert (siehe Abb. 12[15]).

5. Zusammenfassung

Gesamt gesehen ist Oslo immer noch eine skandinavische Metropole im Wandel. Im Vergleich zu anderen Hauptstädten Europas (wie z. B. Berlin) hat sie ihren Hauptstadtstatus erst recht spät in einen starken Bevölkerungs- und Bauboom ummünzen können. Infolgedessen ist diese Entwicklung auch immer noch im Gange, Oslo wächst ständig, und die Bauwirtschaft wird vor immer neue Aufgaben gestellt.

Diese monozentrische Struktur Oslos hat auch zu einem Bedeutungsverlust anderer Städte geführt (z. B. Trondheim) und es ist nicht absehbar, dass ein bemerkenswerter Bedeutungsverlust Oslos in nächster Zeit eintreten könnte.

Letztendlich sind folgende Faktoren für die Expansion Oslos ursächlich gewesen:

Einerseits die expandiere Holzwirtschaft, die der dänische Herrscher zum eigenen Vorteil intensiv förderte und Oslo so nach Jahren der Bedeutungslosigkeit wieder zum Aufstieg verhalf.

---

[13] http://www.fjor.de/pages/norwegen3.htm
[14] http://www.norwegen.no/facts/political/general/general.htm
[15] http://www.skandinavien.de/Laender-Regionen/Norwegen/Karte-Oslo.htm

Zum anderen der Mut der norwegischen Bevölkerung, gegen die schwedische Obrigkeit zu revoltieren und sich somit die Unabhängigkeit wieder zu erkämpfen.

Die sich anschließende Entwicklung ist typisch für eine europäische Großstadt: ringförmige Expansion und hohe Migrationsraten in das jeweilige Ballungsgebiet.

6. Literatur

Aring, Jürgen (2004): *Stadtwachstum und Stadtumbau in Oslo. Exkursion durch die inneren Bereiche der norwegischen Hauptstadt.* In: Nordica (Schriftenreihe des AK Norden, Band 16). S. 165 – 180. Bremen.

Aring, Jürgen und Priebs, Axel (1995): *Boom und Krise – Stadtentwicklung in Oslo 1980 – 1990.* In: Nordica (Schriftenreihe des AK Norden, Band 10). S. 165 – 186. Bremen.

Astrup, Gerhard und Quack, Ulrich (1997): *Norwegen.* München: C. H. Beck`sche Buchdruckerei.

Brækhus, Kjeld (1976): *Oslo: Past, present, future.* Norsk geogr. Tidsskr.30. Oslo: Scandinavian Univ. Press.

Brandhorst, Rasmus (1999): *Die Entwicklung der Stadt und Region Oslo zur Schaltzentrale Norwegens.* In: Südskandinavien Exkursion 1999. Geographisches Institut der Universität zu Kiel, Mai 2000.

Glässer, Ewald (1978): *Norwegen.* Darmstadt: Wissenschaftliche Buchgesellschaft.

Grube, Alt T.(1989): *Die geschichtliche Entwicklung Oslos und seine Entwicklungsphasen.* In: *Norwegen Exkursion 1989.* Geographisches Institut der Universität Kiel. S. 331-344

Libæk, Ivar und Stenersen, Øivind (1991): Die Geschichte Norwegens. Oslo: Grøndahl og Dreyers Forlag AS.

Kuchendorf, Axel (1979): *Die norwegische Stadt: Entwicklungsphasen, urbane Merkmale, Hierarchien.* In: *Protokoll der Norwegen-Exkursion vom 01. August bis 17. August 1979.* Geographisches Institut der Universität zu Kiel. 1980.

Lindemann, Rolf (1986): *Norwegen – Räumliche Entwicklungen in einem dünnbesiedelten Raum.* Stuttgart: Klett Länderprofile.

Lynneberg, Nanna (1973): *Eine kleine Einführung in Oslo Norwegens Hauptstadt.* Hrsg. von der Stadt Oslo in Zusammenarbeit mit dem Reiseverkehrsverein für Oslo und Umgebung. Red.: Nanna Lynneberg. Oslo: Kristiansen & Wøien

Matuschewski, Anke (1989): *Tourismus und Freizeit in Norwegen.* In: *Norwegen Exkursion 1989.* Geographisches Institut der Universität Kiel. S. 188-201

Woesler, Barbara (1989): *Oslo – Als Schwerpunkt von Bevölkerung, Wirtschaft und Kultur.* In: *Norwegen Exkursion 1989.* Geographisches Institut der Universität Kiel. S. 345-356

Internetquellen:

Adresse	Datum des Abrufs
http://www.ub.uni-duisburg.de/ETD-db/theses/available/duett-06302003-110015/unrestricted/kap3.pdf	10.06.2005
http://www.oslo.kommune.no/dok/felles/publ/brosjyrer/oslotall/oslofacts.pdf	09.06.2005
http://www.norwegen.no	01.06.2005
http://www.europa-auf-einen-blick.de/norwegen/index.php	03.06.2005
http://www.visitoslo.com/Transport-DE	05.06.2005
http://www.ssb.no/kommuner/faktaark3.cgi?region=0301	15.06.2005
http://de.wikipedia.org/wiki/Oslo	01.06.2005
http://www.fjor.de/pages/norwegen3.htm	16.06.2005
http://www.skandinavien.de/Laender-Regionen/Norwegen/Karte-Oslo.htm	01.06.2005
http://www.norwegen-picturepool.de/kategorien/k/koenigshaus/detailseiten/koenigshaus-1-7.htm	10.06.2005
http://images.encarta.msn.com/xrefmedia/sharemed/targets/images/pho/t001/T001046B.jpg	12.06.2005
http://www.skandinavien.de/Laender-Regionen/Norwegen/Karte-Oslo.htm	15.06.2005